装配整体式混凝土结构技术导则

住房和城乡建设部住宅产业化促进中心

中国建筑工业出版社

图书在版编目（CIP）数据

装配整体式混凝土结构技术导则/住房和城乡建设部
住宅产业化促进中心 . —北京：中国建筑工业出版社，
2015. 7

ISBN 978-7-112-18283-1

Ⅰ.①装… Ⅱ.①住… Ⅲ.①装配式混凝土结构—
技术 Ⅳ.①TU37

中国版本图书馆 CIP 数据核字（2015）第 161915 号

责任编辑：刘 江 范业庶
责任设计：张 虹
责任校对：李美娜 关 健

装配整体式混凝土结构技术导则
住房和城乡建设部住宅产业化促进中心

*

中国建筑工业出版社出版、发行（北京西郊百万庄）
各地新华书店、建筑书店经销
北京永峥排版公司制版
北京同文印刷有限责任公司印刷

*

开本：850×1168 毫米 1/32 印张：2¼ 字数：47 千字
2015 年 8 月第一版 2018 年 9 月第五次印刷
定价：**15. 00** 元
ISBN 978-7-112-18283-1
(26447)

前　言

近年来，建筑产业现代化得到了各方面的高度重视和大力推动，呈现了良好的发展态势。建筑产业现代化的核心是建筑工业化，建筑工业化的重要特征是采用标准化设计、工厂化生产、装配化施工、一体化装修和全过程的信息化管理。建筑工业化是生产方式变革，是传统生产方式向现代工业化生产方式转变的过程，它不仅是房屋建设自身的生产方式变革，也是推动我国建筑业转型升级，实现国家新型城镇化发展、节能减排战略的重要举措。

装配整体式混凝土结构符合建筑工业化特征，是先进适用的房屋建造集成技术，从发达国家走过的道路来看，随着全社会生产力发展水平的不断提高，房屋建设必然走工业化、集约化、产业化的道路，因此，在我国发展建筑工业化和装配式建筑，是一项意义重大而十分迫切的任务。为推进建筑产业现代化，适应新型建筑工业化的发展要求，大力推广应用装配整体式混凝土结构技术，指导企业正确掌握装配整体式混凝土结构技术原理和方法，便于工程技术人员在工程实践中操作和应用，住房和城乡建设部住宅产业化促进中心组织编写了《装配整体式混凝土结构技术导则》（以下简称本《导则》）。

本《导则》的编写主要依据现行行业标准《装配式混凝土结构技术规程》JGJ 1—2014 相关规定，比较系统地总结了有关企业在装配整体式混凝土结构工程建设中的实践经验，借鉴了地方标准的相关内容，具有比较强的指导性、适用性、系统性和可操作性。

主编单位：住房和城乡建设部住宅产业化促进中心

主　　编：叶　明

参编人员：马　涛　樊则森　杜阳阳　武洁青　李正茂

编　　审：文林峰　李晓明　赵　勇　蒋勤俭　杨思忠
　　　　　李　浩

目　录

1 总 则

1.0.1 为推进建筑产业现代化，适应新型建筑工业化的发展要求，推广应用装配整体式混凝土结构技术，指导企业正确掌握装配整体式混凝土结构技术原理和方法，便于工程技术人员在工程实践中操作和应用，编制本《导则》。

1.0.2 本《导则》主要针对装配整体式混凝土结构技术体系，从工程设计、构件制作、施工装配、室内装修、信息化管理五个方面，全面、系统阐述其技术要点、设计方法、生产工艺、施工工艺等要求。

1.0.3 本《导则》的编制主要依据现行行业标准《装配式混凝土结构技术规程》JGJ 1 的有关规定，重点在技术要点、施工工艺流程及操作要点、质量控制、安全与环保措施方面进一步深化，是对国家现行标准的补充和完善。

1.0.4 装配整体式混凝土结构建筑主要是通过标准化设计、工厂化制作、装配化施工、一体化装修和信息化管理的全过程，全面提升建筑工程质量，提高劳动生产效率，实现资源节约和环境保护的目标。

1.0.5 装配整体式混凝土结构是指房屋主要水平受力构件、垂直受力构件以及非承重构件采用预制的方法，在现场通过各种可靠的方式（主要是湿式连接），与现场后浇混凝土进行连接，共同形成的装配式混凝土结构。

1.0.6 装配整体式混凝土结构适用于住宅建筑和公共建筑。

2 工 程 设 计

2.1 基 本 规 定

2.1.1 装配整体式混凝土建筑的设计应包括前期技术策划、方案设计、初步设计、施工图设计、构件深化（加工）图设计、室内装修设计等相关内容。

2.1.2 装配整体式混凝土建筑在各个阶段的设计深度除应符合国家现行标准的规定外，并应满足下列要求：

    1 前期技术策划应在项目规划审批立项前进行，并对项目定位、技术路线、成本控制、效率目标等做出明确要求；对项目所在区域的构件生产能力、施工装配能力、现场运输与吊装条件等进行技术评估。

    2 方案设计阶段应对项目采用的预制构件类型、连接技术提出设计方案，对构件的加工制作、施工装配的技术经济性进行分析，并协调开发建设、建筑设计、构件制作、施工装配等各方要求，加强建筑、结构、设备、电气、装修等各专业之间的密切配合。

2.1.3 初步设计是在建筑、结构设计以及机电设备、室内装修设计完成方案设计的基础上，由设计单位联合构件生产企业，结合预制构件生产工艺，以及施工单位的吊装能力、道路运输等条件，对预制构件的形状、尺度、重量等进行估算，并与建筑、结构、设备、电气、装修等专业进行初步的协调。

2.1.4 施工图设计应由设计单位进一步结合预制构件生产工

艺和施工单位初步的施工组织计划，在初步设计的基础上，建筑专业完善建筑平立面及建筑功能，结构专业确定预制构件的布局及其形状和尺度，机电设备确定管线布局，室内装修设计部品设计，同时各专业应完成统一协调工作，避免专业间的错漏碰缺。

2.1.5 构件深化设计应满足工厂制作、施工装配等相关环节承接工序的技术和安全要求，各种预埋件、连接件设计应准确、清晰、合理，并完成预制构件在短暂设计状况下的设计验算。

2.1.6 装配整体式混凝土建筑应充分体现标准化设计理念，符合国家现行标准《建筑模数协调统一标准》GB 50002 的相关规定。

2.1.7 项目应采用建筑信息模型（BIM）技术进行建筑、结构、机电设备、室内装修一体化协同设计。

2.1.8 项目应注重采用主体结构集成技术、外围护结构的承重、保温、装饰一体化集成技术、室内装饰装修集成技术的应用。

2.2 建 筑 设 计

2.2.1 装配整体式混凝土建筑应进行标准化、定型化设计。

1 装配整体式混凝土建筑应进行标准化设计，实现设计项目的定型化，使基本单元、构件、建筑部品重复使用率高，以满足工业化生产的要求。

2 标准化设计应结合本地区的气候等自然条件和技术经济的发展水平。

3 项目应采用模块化设计方法，建立适用于本地区的户型模块、单元模块和建筑功能模块，符合少规格、多组合的要求。

2.2.2 标准层组合平面、基本户型设计要点应符合下列要求：

1 宜选用大空间的平面布局方式，合理布置承重墙及管井位置。在满足住宅基本功能要求的基础上，实现空间的灵活性、可变性。公共空间及户内各功能空间分区明确、布局合理。

2 主体结构布置宜简单、规则，承重墙体上下对应贯通，平面凹凸变化不宜过多过深。平面体型符合结构设计的基本原则和要求。

3 住宅平面设计应考虑卫生间、厨房及其设施、设备布置的标准化以及合理性，竖向管线宜集中设置管井，并宜优先采用集成式卫生间和厨房。

2.2.3 预制构件的标准化设计应符合下列要求：

1 预制梁、预制柱、预制外承重墙板、内承重墙板、外挂墙板等在单体建筑中规格少，在同类型构件中具有一定的重复使用率。

2 预制楼板、预制楼梯、预制内隔墙板等在单体建筑中规格少，在同类型构件中具有一定的重复使用率。

3 外窗、集成式卫生间、整体橱柜、储物间等室内建筑部品在单体建筑中重复使用率高，并采用标准化接口、工厂化生产、装配化施工。

4 构件设计应综合考虑对装配化施工的安装调节和施工偏差配合要求。

2.2.4 非承重的预制外墙板、内墙板应与主体结构可靠连接，接缝处理应满足保温、防水、防火、隔声的要求。

2.2.5 预制外挂墙板的接缝及门窗洞口等防水薄弱部位宜采用材料防水和构造防水相结合的做法，并应符合下列规定：

  1 墙板水平缝宜采用高低缝或企口缝构造。

  2 墙板竖缝可采用平口或槽口构造。

  3 当板缝空腔需设置导水管排水时，板缝内侧应增设气密密封构造。

  4 缝内应采用聚乙烯等背衬材料填塞后用耐候性密封胶密封。

2.2.6 预制外墙的接缝（包括屋面女儿墙、阳台、勒脚等处的竖缝、水平缝、十字缝以及窗口处）应根据工程特点和自然条件等，确定防水设防要求，进行防水设计。垂直缝宜选用结构防水与材料防水结合的两道防水构造，水平缝宜选用构造防水与材料防水结合的两道防水构造。

2.2.7 外墙板接缝处的密封胶应选用耐候性密封胶，具有与混凝土的相容性、低温柔性、防霉性及耐水性等材料性能；其最大伸缩变形量、剪切变形性能应满足设计要求。

2.3 结 构 设 计

2.3.1 装配整体式混凝土结构适用于抗震设防类别为乙类及乙类以下的民用建筑，常用的装配整体式混凝土结构体系类型适用范围见表2.3.1。

2.3.2 装配整体式混凝土结构应以湿式连接为主要技术基础，采用预制构件与部分部位的现浇混凝土以及节点区的后浇混凝土相结合的方式，竖向承重预制构件的受力钢筋的连接应采用钢筋套筒灌浆连接技术，实现节点设计强接缝、弱构件的原则，使装配整体式混凝土结构具有与现浇混凝土结构完全等同的整体性、稳定性和延性。

表 2.3.1　装配整体式混凝土结构体系类型表

序号	结构体系类型	适用范围
1	装配整体式混凝土框架结构	公寓、酒店、办公楼、商业、学校、医院等建筑类型
2	装配整体式混凝土框架-现浇剪力墙结构	
3	装配整体式混凝土剪力墙结构	住宅、公寓、宿舍、酒店等建筑类型
4	装配整体式混凝土部分框支剪力墙结构	

2.3.3　装配整体式混凝土结构现浇混凝土部位以及节点区后浇混凝土的设置要求，应符合现行行业标准《装配式混凝土结构技术规程》JGJ 1 的相关规定。

2.3.4　装配整体式混凝土结构的房屋最大适用高度、最大高宽比、抗震等级应符合现行行业标准《装配式混凝土结构技术规程》JGJ 1 的相关规定。较高的高层装配整体式混凝土结构宜配合采用隔震和消能减震设计。

2.3.5　装配整体式混凝土结构设计应满足建筑使用性能的需求，以及建造过程对安全性、经济性和适用性的要求；确定合理的结构装配方式，选择适宜的预制构件类型。

2.3.6　装配整体式混凝土结构的平面布置和竖向布置除应符合现行行业标准《装配式混凝土结构技术规程》JGJ 1 的相关规定外，尚宜符合下列要求：

　　1　结构在平面和竖向不应具有明显的薄弱部位，且宜避免结构和构件出现较大的扭转效应。

2 高层装配整体式混凝土结构不宜采用整层转换的设计方案；当采用部分结构转换时，应符合下列规定：

1）部分框支剪力墙结构底部框支层不宜超过2层，框支层以下及相邻上一层应采用现浇结构，且现浇结构高度不应小于房屋高度的1/10；

2）转换柱、转换梁及周边楼盖结构宜采用现浇。

3 装配整体式混凝土结构中的预制框架柱和预制墙板构件的水平接缝处不宜出现全截面受拉应力。

4 装配整体式混凝土结构宜采用简支连接的预制楼梯，预制楼梯可采用板式和梁式楼梯。

2.3.7 装配整体式混凝土结构在满足现行行业标准《装配式混凝土结构技术规程》JGJ 1 的相关规定时，可采用与现浇混凝土结构相同的方法进行结构分析；抗震设计时尚应符合下列要求：

1 装配整体式混凝土结构及其预制结构构件的连接可按现行行业标准《高层建筑混凝土结构技术规程》JGJ 3 和《全国民用建筑工程设计技术措施：结构（混凝土结构）（2009年版）》的有关规定进行结构抗震性能设计。

2 当同一层内既有预制又有现浇抗侧力构件时，地震设计状况下宜对现浇抗侧力构件在地震作用下的弯矩和剪力进行适当放大；装配整体式混凝土剪力墙结构的增大系数不宜小于1.1。

3 在结构内力与位移计算时，对现浇楼盖和叠合楼盖，均可假定楼盖在其自身平面内为无限刚性；楼面梁的刚度可计入翼缘作用予以增大。

4 预制混凝土外挂墙板及其与主体结构的连接节点应进行抗震设计，并应根据与主体结构的连接方式确定其对结构分析的影响。采用两点支承等柔性连接方式时，外挂墙板可按附加荷载考虑。

预制混凝土夹心保温外墙板采用非组合墙板时，外叶墙板仅作为荷载，通过拉结件作用在内叶墙板上。此时内外叶墙板的拉结件应具有规定的承载能力、变形能力和耐久性能。

2.3.8 现行行业标准《装配式混凝土结构技术规程》第9章所述多层装配式剪力墙结构，是参照原行业标准《装配式大板居住建筑设计和施工规程》JGJ 1—91 的相关节点构造，在高层装配整体式剪力墙基础上进行简化的一种主要用于多层建筑的装配式结构。多层装配式剪力墙结构由于其简化的节点构造，使结构并不与现浇结构等同；计算分析时，可采用弹性方法进行结构分析，但应按结构实际情况建立分析模型。

2.3.9 装配整体式混凝土结构中的预制构件及其连接应根据标准化和模数协调的原则，采用标准化的预制构件和连接构造。

2.3.10 预制构件的设计应符合下列要求：

1 在前期策划阶段，应考虑运输、安装等条件对预制构件的限制，这些限制包括：

1）重量（人行道和桥的等级）；

2）高度（桥、隧道和地下通道的净高）；

3）长度（车辆的机动性和相关法律）；

4）宽度（许可、护航要求和相关法律）；

5）自行式起重机的能力；

6）场地存放的条件。

2 预制构件的尺寸宜按下述规定采用：

1）预制框架柱的高度尺寸宜按建筑层高确定；

2）预制梁的长度尺寸宜按轴网尺寸确定；

3）预制剪力墙板的高度尺寸宜按建筑层高确定，宽度尺寸宜按建筑开间和进深尺寸确定；

4）预制楼板的长度尺寸宜按轴网或建筑开间、进深尺寸确定，宽度尺寸不宜大于 2.7m。

3 预制构件的钢筋构造设计应符合下列原则：

1）提高预制构件连接效率；

2）满足钢筋准确定位的要求；

3）提高钢筋骨架的机械化加工和安装水平；

4）便于模具的加工、安装和拆卸；

5）便于施工现场的安装操作。

4 预制构件在制作、运输和堆放、安装等阶段的短暂设计状况验算应符合国家现行标准《混凝土结构工程施工规范》GB 50666 和《装配式混凝土结构技术规程》JGJ 1 的有关规定；当有可靠的生产和施工经验时，可对动力系数、脱模吸附力和计算方法进行适当调整。

5 预制构件截面类型的选择可按下列原则采用：

1）预制剪力墙板宜采用一字形的一维构件，当有可靠的设计和预制构件生产、施工经验时，也可采用 L 形、T 形、U 形和 Z 形等多维构件；

2）预制框架梁、柱可采用一字形的一维构件，当有可靠的设计和预制构件生产、施工经验时，也可采用框架梁、柱与节点一体的 T 形、十字形等多维构件；

3）框架柱可采用预制柱身和预制柱模的做法。

2.3.11 装配整体式混凝土结构的预制构件连接设计，应保证被连接的受力钢筋的连续性，节点构造易于传递拉力、压力、剪力、弯矩和扭矩，传力路线简捷、清晰，结构分析模型与工程实际节点构造设计保持一致，并符合下列要求：

1 预制柱、预制剪力墙板和预制楼板等构件的接缝处，结合面宜优先选用混凝土粗糙面的做法；预制梁侧面应设置键槽，且宜同时设置粗糙面，键槽的尺寸和数量应满足受剪承载力的要求。结合面做法可参照表2.3.11选用。

2 装配整体式混凝土结构中，节点及接缝处的纵向钢筋连接宜根据接头受力、施工工艺等要求选用套筒灌浆连接、机械连接、浆锚搭接连接、焊接连接、绑扎搭接连接等连接方式，并应符合国家现行有关标准的规定。预制构件竖向受力钢筋的连接，宜优先选用套筒灌浆连接接头，并应符合现行行业标准《装配式混凝土结构技术规程》JGJ 1 和《钢筋套筒灌浆连接应用技术规程》JGJ 355 的有关规定。

3 预制框架柱和预制剪力墙板边缘构件的纵向受力钢筋在同一截面采用 100% 连接时，钢筋接头的性能应满足现行行业标准《钢筋机械连接通用技术规程》JGJ 107 中 I 级接头的要求。

表 2.3.11　预制构件的混凝土结合面做法选用表

构件	预制墙板			预制柱		预制（叠合）梁		叠合板
部位	底面	顶面	侧面	底面	顶面	顶面	侧面	结合面
粗糙面	★	★	★	★	★	★	★	★
键槽	☆	—	☆	☆	☆	—	★	—

说明：表中★代表优先采用的连接方案；☆代表可采用的连接方案，但有一定的限制；—代表不宜选用的连接方案。

2.3.12 叠合楼盖设计除满足国家现行标准的有关规定外，尚应符合下列要求：

1 叠合楼盖可采用单向板、双向板的设计方案。

2 叠合楼盖的预制底板可设置拼缝也可采用密缝拼接的做法；当采用密缝拼接的做法时，拼缝处应采取控制板缝的可靠措施。

3 叠合楼盖设计中，板的跨厚比宜较现浇楼板适当减小。

4 叠合楼盖采用预制预应力底板时，应采取控制反拱的可靠措施。

2.3.13 在装配整体式混凝土结构的预制墙体设计中，对预制墙体上设置的各种电气开关、插座、弱电插座及其必要的接线盒、连接管线等应进行预留、预埋。

2.4 装修与设备系统设计

2.4.1 建筑室内外装修设计应与建筑、结构设计同步进行，并实现建筑设计与室内装修设计一体化。

2.4.2 建筑室内外装修设计应与预制构件深化设计紧密联系，各种预埋件、连接件、接口设计应准确到位、清晰合理。

2.4.3 室内设施和水、暖、电气等设备系统应与主体结构构件生产、施工装配协调配合，连接部位提前预留接口、孔洞，安装方便。

2.4.4 建筑室内外装修设计应采用工厂化生产的标准构配件，墙、地面块材铺装应保证施工现场减少二次加工和湿作业。

2.4.5 建筑室内外装修的部件之间、部件与设备之间的连接应采用标准化接口。各构件、部品与主体结构之间的尺寸匹配、协调，提前预留、预埋接口，易于装修工程的装配化施工。

2.4.6 内隔墙应选用易于安装、拆卸且保温、隔声性能良好的隔墙板，灵活分割室内空间，连接构造牢固、可靠。

2.4.7 建筑设备管线应进行综合设计，减少平面交叉；竖向管线宜集中布置，并应满足维修更换的要求。

2.4.8 竖向电气管线应预先设置在预制隔墙板内，墙板内竖向电气管线布置应保持安全距离。

2.4.9 隔墙板内预留有电气设施时，应采取有效措施满足隔声及防火要求，对分户墙两侧暗装电气设备不应连通设置。

2.4.10 设备管线穿过预制楼板的部位，应采取防水、防火、隔声等措施，并与预制构件上的预埋件可靠连接。

2.4.11 叠合楼板的建筑设备管线布线宜结合楼板的现浇层或建筑垫层统一设计。

2.4.12 需要降板的房间（包括卫生间、厨房）的位置及降板范围，应结合结构的板跨、设备管线等因素进行设计，并为房间的可变性留有余地。

3 构 件 制 作

3.1 基 本 规 定

3.1.1 预制构件的制作应有保证生产质量要求的生产工艺和设施设备，生产的全过程应有健全的质量管理体系、安全保证措施及相应的试验检测手段。

3.1.2 预制构件的各种原材料和预埋件、连接件等在使用前应进行试验检测，其质量标准应符合现行国家标准的有关规定。

3.1.3 预制构件的生产设施、设备应符合环保要求，混凝土搅拌与砂石堆场宜建立封闭设施；无封闭设施的砂石堆场应建立防扬尘及喷淋设施；混凝土生产余料、废弃物应综合利用，生产污水应进行处理后排放。

3.1.4 预制构件制作前应进行深化设计，设计文件应包括以下内容：

    1 预制构件平面图、模板图、配筋图、安装图、预埋件及细部构造图等。

    2 带有饰面板材的构件应绘制板材排板图。

    3 夹心外墙板应绘制内外叶墙板拉结件布置图、保温板排板图。

    4 预制构件脱模、翻转过程中混凝土强度验算。

3.1.5 预制构件制作应编制生产方案，并应由技术负责人审批后实施，包括：生产计划、工艺流程、模具方案、质量控制、成品保护、运输方案等。

3.1.6 预制构件生产的通用工艺流程如下：

模台清理→模具组装→钢筋加工安装→管线、预埋件等安装→混凝土浇筑→养护→脱模→表面处理→成品验收→运输存放。

3.1.7 预制构件的各项性能指标应符合设计要求，应建立构件标识系统，应有出厂质量检验合格报告、进场验收记录。

3.1.8 预制构件生产员工应根据岗位要求进行专业技能岗位培训。

3.2 构件材料与配件

3.2.1 混凝土的原材料应符合以下要求：

1 水泥宜选用普通硅酸盐水泥或硅酸盐水泥，质量应符合现行国家标准《通用硅酸盐水泥》GB 175 的有关规定。

2 砂宜选用细度模数为 2.3～3.0 的天然砂或机制砂，质量应符合现行行业标准《普通混凝土用砂、石质量及检验方法标准》JGJ 52 的有关规定，不得使用海砂及特细砂。

3 石子应根据预制构件的尺寸选取相应粒径的连续级配碎石，质量应符合现行行业标准《普通混凝土用砂、石质量及检验方法标准》JGJ 52 的有关规定。

4 外加剂品种和掺量应通过试验室进行试配后确定，质量应符合现行国家标准《混凝土外加剂》GB 8076 的有关规定，宜选用聚羧酸系高性能减水剂。

5 粉煤灰应符合现行国家标准《用于水泥和混凝土中粉煤灰》GB/T 1596 中的 Ⅰ级或Ⅱ级各项技术性能及质量指标。

14

6 矿粉应符合现行国家标准《用于水泥和混凝土中粒化高炉矿粉》GB/T 18046 中的 S95 级、S105 级各项技术性能及质量指标。

7 轻集料应符合现行国家标准《轻集料及其试验方法》GB/T 17431.1 的有关规定，最大粒径不宜大于 20mm。

8 拌合用水应符合现行行业标准《混凝土用水标准》JGJ 63 的有关规定。

9 采用再生骨料时应符合国家现行标准《混凝土和砂浆用再生细骨料》GB/T 25176、《混凝土用再生粗骨料》GB/T 25177 和《再生骨料应用技术规程》JGJ/T 240 有关规定。

10 拌制混凝土用纤维、膨胀剂等材料应符合现行国家有关标准的要求。

3.2.2 混凝土原材料的存放、试验、标识应符合以下要求：

1 水泥和掺和料应分别存放在筒仓内，并且不得混仓，存储时应保持密封、干燥、防止受潮。

2 砂、石应按不同品种、规格分别存放，并且有防混料、防尘、防雨和排水措施。

3 外加剂应按品种分别存放，并有防止沉淀等措施。

4 砂、石等骨料按照相关标准进行复检试验，经检测合格后方可使用。

5 进场水泥、外加剂、掺和料等原材料应有产品合格证等质量证明文件，并按照相关标准进行复检试验，经检测合格后方可使用。

6 原材料应分类存储，并应设有明显标识，标识应注明材料的名称、产地（厂家）、等级、规格和检验状态等信息。

3.2.3 混凝土应符合以下要求：

1 混凝土配合比设计应符合现行行业标准《普通混凝土配合比设计规程》JGJ 55 的有关规定，并应符合设计文件和合同要求。混凝土配合比宜有必要的技术说明，包括生产时的调整要求。

2 混凝土中氯化物和碱总量应符合现行国家标准《混凝土结构设计规范》GB 50010 有关规定和设计文件的要求。

3 混凝土生产设备和计量装置应符合相关标准规定和生产要求，计量装置在校准周期内，应按照下列规定进行静态计量检查：

1）正常生产时，每季度不得少于一次；

2）停产时间一个月以上（含一个月），重新生产前；

3）混凝土质量出现异常时。

3.2.4 预制混凝土构件用钢筋应符合现行国家标准《钢筋混凝土用钢 第 1 部分：热轧光圆钢筋》GB 1499.1、《钢筋混凝土用钢 第 2 部分：热轧带肋钢筋》GB 1499.2 、《冷轧带肋钢筋》GB 13788 等有关规定，并应符合以下要求：

1 受力钢筋宜使用屈服强度标准值为 400MPa 和 500MPa 的热轧钢筋；

2 进厂钢筋应按规定进行见证取样检测，检测合格后方可使用；

3 钢筋进场应按批次的级别、品种、直径和外形分类码放并注明产地、规格、品种和质量检验状态等；

4 预制混凝土构件用钢筋应具备质量证明文件并符合设计要求；

5 预制混凝土构件中的钢筋焊接网应符合现行国家标准《钢筋混凝土用钢 第 3 部分：钢筋焊接网》GB/T 1499.3 的

有关规定。

3.2.5 钢筋连接用材料应符合以下要求：

1 钢筋连接用的灌浆套筒宜采用优质碳素结构钢、低合金高强度结构钢、合金结构钢或球墨铸铁制造，其材料的机械和力学性能应分别符合现行相关标准；钢套筒应符合现行行业标准《钢筋连接用灌浆套筒》JG/T 398 的规定；球墨铸铁套筒应满足有关规定要求。

2 预制剪力墙板纵向受力钢筋连接采用螺旋筋约束间接搭接、波纹管间接搭接时，所采用的预留孔成孔工艺、孔道形状及长度、灌浆料、节点加强约束配筋和被锚固的带肋钢筋应满足现行标准规范的要求。

3 钢筋锚固板材料应符合现行行业标准《钢筋锚固板应用技术规程》JGJ 256 的相关规定。

4 预制构件钢筋连接用直螺纹、锥螺纹套筒及挤压套筒接头应符合现行行业标准《钢筋机械连接技术规程》JGJ 107 的有关规定。

5 预制构件钢筋连接用预埋件、钢材、螺栓、钢筋以及焊接材料应符合国家现行标准《混凝土结构设计规范》GB 50010、《钢结构设计规范》GB 50017、《钢筋焊接及验收规程》JGJ 18 等相关规定。

6 当预制构件采用焊接钢筋网片时，宜避免在主受力方向搭接。若必须搭接，其搭接位置应设置在受力较小处且应满足现行行业标准《钢筋焊接网混凝土结构技术规程》JGJ 114 的有关规定。

3.2.6 钢筋连接接头用灌浆料应符合以下要求：

1 钢筋套筒灌浆连接用灌浆料应符合现行行业标准《钢

筋套筒灌浆连接应用技术规程》JGJ 355 和《钢筋套筒灌浆连接用套筒灌浆料》JG/T 408 的有关规定。

2 钢筋浆锚搭接连接用灌浆料应采用专业厂家生产的水泥基灌浆料，其工作性能应符合表 3.2.6 的要求。

表 3.2.6　钢筋浆锚搭接用灌浆料性能要求

项 目		性能指标	试验方法
泌水率（%）		0	GB/T 50080
流动度（mm）	初始值	≥200	GB/T 50448
	30min 保留值	≥150	
竖向膨胀率（%）	3h	≥0.02	GB/T 50448
	24h 与 3h 的膨胀值之差	0.02～0.5	
抗压强度（MPa）	1d	≥35	GB/T 50448
	3d	≥55	
	28d	≥80	
氯离子含量（%）		≤0.06	GB/T 8077

3.2.7 预制夹心保温墙体用连接件应符合以下要求：

1 预制夹心保温墙板中的连接件宜采用拉挤玻璃纤维（FRP）连接件和不锈钢连接件，供应商应提供明确的材料性能和连接性能技术指标要求。当有可靠依据时，也可采用其他类型连接件。

2 预制夹心墙板中内外叶墙体的连接件应满足下列要求：

1）连接件采用的材料应满足国家现行标准的技术要求；

18

2）连接件与混凝土的锚固力应符合设计要求，还应具有良好的变形能力并满足耐久性要求；

3）连接件密度、拉伸强度、拉伸弹性模量、断裂伸长率、热膨胀系数、耐碱性、防火性能、导热系数等性能应满足国家现行相关标准的规定。

3 连接件的设置方式应满足以下要求：

1）棒状或片状连接件宜采用矩形或梅花形布置，间距一般为400~600mm，连接件距墙体洞口边缘距离一般为100~200mm；当有可靠计算依据时，也可按设计要求确定；

2）连接件的锚入方式、锚入深度、保护层厚度等参数应满足国家现行相关标准的规定。

3.2.8 预制混凝土构件预埋件及门窗框应符合以下要求：

1 预埋件的材料、品种应按照预制构件制作图要求进行制作，并准确定位。预埋件的设置及检测应满足设计及施工要求。

2 预埋件应按照不同材料、不同品种、不同规格分类存放并标识。

3 预埋件应进行防腐防锈处理并满足现行国家标准《工业建筑防腐蚀设计规范》GB 50046、《涂装前钢材表面锈蚀等级和防锈等级》GB/T 8923 的有关规定。

4 门窗框应有产品合格证和出厂检验报告，品种、规格、性能、型材壁厚、连接方式等应满足设计要求和现行相关标准要求。

5 当门窗（副）框直接安装在预制构件中时，应在模具上设置弹性限位件进行固定；门窗框应采取包裹或者覆盖等保护措施，生产和吊装运输过程中不得污染、划伤和损坏。

6 防水密封胶条应有产品合格证和出厂检验报告，质量和耐久性应满足现行相关标准要求。制作时防水密封胶条不应在构件转角处搭接，节点防水的检查措施到位。

3.2.9 预制夹心保温构件的保温材料应符合以下要求：

1 预制夹心保温构件的保温材料除应符合现行国家和地方标准的要求外，尚应符合设计和当地消防部门的相关要求。

2 保温材料和填充材料应按照不同材料、不同品种、不同规格进行存储，应有相应的防护措施。

3 保温材料和填充材料在进厂时应查验出厂检验报告及合格证明书，同时按规范要求进行复检。

3.2.10 外装饰材料应符合以下要求：

1 石材、面砖、饰面砂浆及真石漆等外装饰材料应有产品合格证和出厂检验报告，质量应满足现行相关标准要求。装饰材料进厂后应按规范要求进行复检。

2 石材和面砖应按照预制构件设计图编号、品种、规格、颜色、尺寸等分类标识存放。

3 当采用石材或瓷砖饰面时，其抗拉拔力应满足相关规范及安全使用要求。当采用石材饰面时应进行防返碱处理，厚度25mm以上的石材宜采用卡件连接。瓷砖背沟深度应满足相关规范要求。面砖采用后贴法时，使用的粘结材料应满足现行相关标准要求。

3.3 构件加工与制作

3.3.1 钢筋加工应符合以下要求：

1 钢筋加工制作时应对下料表进行检查复核并放出实样，试制合格后方可批量制作，对加工完成的钢筋应标注信息、有序堆放。

2 钢筋的接头方式、位置应符合现行国家标准和设计要求。

3 钢筋加工的形状、尺寸应符合设计要求，其允许偏差应符合表3.3.1的规定。

表3.3.1 钢筋加工的允许偏差

项 目	允许偏差（mm）
受力钢筋沿长度方向全长的净尺寸	±10
弯起钢筋的弯折位置	±20
箍筋内净尺寸	±5

3.3.2 钢筋骨架和网片应符合下列要求：

1 钢筋骨架尺寸应准确，骨架吊装时应采用多吊点的专用吊架，防止骨架产生变形。

2 保护层垫块宜按梅花状布置，间距满足钢筋限位及控制变形要求，与钢筋骨架或网片绑扎牢固，保护层厚度应符合国家现行标准和设计要求。

3 钢筋骨架入模时应平直、无损伤，表面不得有油污或者锈蚀。

4 钢筋骨架应轻放入模。

5 按预制构件图安装好钢筋连接套筒、连接件、预埋件；在浇筑混凝土时，钢筋套筒应有保护措施，保持套筒内清洁。

6 钢筋网片或骨架装入模具后，应按设计图纸要求对钢筋位置、规格、间距、保护层厚度等进行检查，允许偏差应符合表3.3.2规定。

表3.3.2 钢筋网和钢筋骨架尺寸和安装位置偏差（mm）

项　目			运行偏差	检验方法
绑扎钢筋网	长、宽		±10	钢尺检查
	网眼尺寸		±10	钢尺量连续三档、取最大值
绑扎钢筋骨架	长		±10	钢尺检查
	宽、高		±5	钢尺检查
	钢筋间距		±10	钢尺量测两端、中间各一点，取最大值
受力钢筋	位置		±5	钢尺量测两端、中间各一点，取最大值
	排距		±5	
	保护层厚度	柱、梁	±5	钢尺检查
		柱、梁、楼板、外墙板楼梯、阳台板	±3	钢尺检查
	绑扎钢筋、竖向钢筋间距		±10	钢尺量连续三档，取最大值
	箍筋间距		±10	钢尺量连续三档，取最大值
	钢筋弯起点位置		20	钢尺检查

3.3.3 混凝土浇筑前应符合以下要求：

1 混凝土强度等级、混凝土所用原材料、混凝土配合比设计、耐久性和工作性应满足现行国家标准和工程设计要求。

2 混凝土浇筑前，应逐项对模具、垫块、外装饰材料、支架、钢筋、连接套筒、连接件、预埋件、吊具、预留孔洞、保护层厚度等进行检查验收，规格、位置和数量必须满足设计要求，并做好隐蔽工程验收记录。钢筋连接套筒、预埋螺栓孔应采取封堵措施，防止浇筑混凝土时将其堵塞。

3.3.4 混凝土浇筑时应符合下列要求：

1 混凝土应均匀连续浇筑，投料高度不宜大于 500mm。采用立模浇筑时要采取保证混凝土浇筑质量的措施。

2 混凝土浇筑时应保证模具、门窗框、预埋件、连接件不发生变形或者移位，如有偏差应采取措施及时纠正。

3 混凝土应采用机械振捣成型方式，并满足相应振捣要求。宜采用台式振动台振捣。

4 混凝土从出机到浇筑时间及间歇时间不宜超过 30min。

3.3.5 带夹心保温材料的预制构件采用水平浇筑成型工艺时应在底层混凝土初凝前完成二次浇筑混凝土。采用垂直浇筑成型工艺制作带夹心保温材料的预制构件时，保温材料可在混凝土浇筑前放置，浇筑前应有防止偏移的措施。连接件穿过保温材料处应填补密实。

3.3.6 带外装饰面的预制混凝土构件宜采用水平浇筑成型反打工艺，应符合下列要求：

1 外装饰石材、面砖的图案、分割、色彩、尺寸应符合设计要求。

2 外装饰石材、面砖铺贴之前应清理模具，并按照外装饰敷设图的编号分类摆放。

3 石材和底模之间宜设置保护材料。

4 石材入模敷设前，应根据外装饰敷设图核对石材尺寸，并提前在石材背面设置适当数量的不锈钢锚栓和卡件。

5 石材和面砖敷设前应按照控制尺寸和标高在模具上设置标记，并按照标记固定和校正石材和面砖。

6 石材和面砖敷设后表面应平整，接缝应顺直，接缝的宽度和深度应符合设计要求。

3.3.7 混凝土搅拌原材料计量误差应满足表3.3.7的规定。

表3.3.7 材料的计量误差（重量）

材料种类	每盘计量允许误差（%）	累计计量误差（%）
水泥	±2	±1
骨料	±3	±2
水	±2	±1
掺和料	±2	±1
外加剂	±2	±1

3.3.8 混凝土养护可采用自然养护、化学保护膜养护和蒸汽养护等养护方式。梁、柱等体积较大的预制混凝土构件宜采用自然养护方式；楼板、墙板等较薄预制混凝土构件或冬期生产的预制混凝土构件，宜采用蒸汽养护方式。

3.3.9 预制混凝土构件蒸汽养护，成型后的混凝土应预养相应的时间，应严格控制升温速率及最高温度，并满足相应的湿度要求，养护过程应符合下列规定：

1 预养时间宜大于2h，并采用薄膜覆盖或加湿等措施防止预制构件干燥。

2 升温速率宜为10~20℃/h，降温速率不宜大于10℃/h。

3 预制混凝土构件养护最高温度不宜超过60℃；预制混凝土构件蒸养罩内外温度差小于20℃时方可进行脱罩

作业。

4 预制构件脱模后，当混凝土表面温度和环境温度差大于25℃时，应立即覆膜养护。

3.3.10 用饰面砂浆或真石漆饰面的预制构件宜在构件脱模后进行，应符合下列要求：

1 饰面砂浆和真石漆的品种、规格、颜色应符合设计要求。

2 预制构件表面应清洁无油污及灰层。

3 在施工前应将预制构件表面用水湿润且无积水。

4 模具应使用非油质类的模具隔离剂，避免影响装饰饰面层施工的附着性能。

3.3.11 构件脱模应符合下列要求：

1 构件脱模应严格按照顺序拆除模具，不得使用振动方式拆模。

2 构件脱模时应仔细检查确认预制构件与模具之间的连接部分，完全拆除后方可起吊。

3 构件脱模起吊时，应根据设计要求或具体生产条件确定所需的同条件养护混凝土立方体抗压强度，且脱模混凝土强度应不宜小于15MPa。

4 预制构件起吊应平稳，楼板应采用专用多点吊架进行起吊，复杂预制构件应采用专门的吊架进行起吊。

5 非预应力叠合楼板可以利用桁架钢筋起吊，吊点的位置应根据计算确定。复杂预制构件需要设置临时固定工具，吊点和吊具应进行专门设计。

3.3.12 预制构件脱模后，可根据破损及裂缝情况对构件进行处理，处理方法详见表3.3.12。

表 3.3.12　预制构件表面破损和裂缝处理方法

项目	类别	处理方法	检查依据和方法
破损	影响结构性能且不能恢复的破损	废弃	观察
	影响结构或安全性能的钢筋、连接件、预埋件锚固的破损	废弃	观察
	破损长度超过 20mm	修补 1	观察、卡尺测量
	破损长度 20mm 以下	现场修补	
裂缝	影响结构性能且不可恢复的裂缝	废弃	裂缝观测仪、结构性能检测报告
	影响钢筋、连接件、预埋件锚固的结构或安全性能的裂缝	废弃	观察
	裂缝宽度大于 0.3mm 且裂缝长度超过 300mm	废弃	裂缝观测仪、钢圈尺
	裂缝宽度超过 0.2mm	修补 2	裂缝观测仪、钢圈尺
	宽度不足 0.2mm 且在外表面时	修补 3	裂缝观测仪

注：修补浆料性能应符合现行行业标准《混凝土裂缝修补灌浆材料技术条件》
　　JG/T333 相关要求，如有可靠依据，也可用经论证认可的其他材料进行
　　修补。

修补 1：用不低于混凝土设计强度的专用修补浆料修补；

修补 2：用环氧树脂浆料修补；

修补 3：用专用防水浆料修补。

3.4　构件存放与保护

3.4.1　预制构件的存放场地宜为混凝土硬化地面或经人工处理的自然地坪，应满足平整度和地基承载力要求，并应有排水措施，堆放预制构件时应使构件与地面之间留有一定空隙。

3.4.2 预制构件支承的位置和方法，应根据其受力情况确定，但不得超过预制构件承载力或引起预制构件损伤；预制构件与刚性搁置点之间应设置柔性垫片，且垫片表面应有防止污染构件的措施。

3.4.3 预制楼板、阳台板、楼梯构件宜平放，吊环向上，标识向外，堆垛高度应根据预制构件与垫板木的承载能力、堆垛的稳定性及地基承载力等验算确定；各层垫木的位置应在一条垂直线上。

3.4.4 外墙板、内墙板宜采用托架对称立放，其倾斜角度应保持大于80°，相邻预制构件间需用柔性垫层分隔开。柱、梁等细长预制构件宜平放且使用垫木支撑，以避免碰撞损坏。

3.4.5 预制构件存放2m内不应进行电焊、气焊作业，以免污染产品。露天堆放时，预制构件的预埋铁件应有防止锈蚀的措施，易积水的预留、预埋孔洞等应采取封堵措施。

3.4.6 生产企业内起吊、运输预制混凝土构件时，混凝土强度必须符合设计要求；当设计无专门要求时，应经验算确定。

3.4.7 预制构件运输时应绑扎牢固，防止移动或倾倒，搬运托架、车厢板和预制混凝土构件间应放入柔性材料，预制构件边角或者锁链接触部位的混凝土应采用柔性垫衬材料保护；运输细长、异形等易倾覆预制构件时，行车应平稳，并应采取临时固定措施。

3.4.8 外墙门框、窗框和带外饰装饰材料的表面宜采用塑料贴膜或者其他防护措施；预制墙板门窗洞口线角宜用槽型木框保护。

3.4.9 预制楼梯踏步口宜设木条或其他覆盖形式保护。

3.4.10 清水混凝土预制构件成品应建立严格有效的保护制

度，明确保护内容和职责，制定专项防护措施方案，全过程进行防尘、防油、防污染、防破损。对于有外露易锈蚀部分的埋件或连接件要特别加强保护。

3.4.11 清水混凝土预制构件养护水及覆盖物应洁净，不得污染预制构件表面；运输过程中必须采取适当的防护措施，防止损坏或污染其表面。

3.5 构件质量验收

3.5.1 预制构件的质量验收，应符合国家现行标准《装配式混凝土结构技术规程》JGJ 1、《混凝土结构工程施工质量验收规范》GB 50204 的有关规定。

3.5.2 预制构件应具有完整的制作依据和质量检验记录档案，内容包括：预制构件制作详图，原材料合格证及复试报告，工序质量检查验收记录，技术处理方案及出厂检测等资料。

3.5.3 预制构件出厂应有标识，预制构件生产企业应提供出厂合格证和产品质量证明书，内容包括：构件名称及编号，合格证编号，产品数量，构件型号，质量状况，构件生产企业，生产日期和出厂日期，有检测部门及检验员、质量负责人签名。

3.5.4 预制构件混凝土的强度必须符合设计要求，应按照现行国家标准《混凝土结构工程施工质量验收规范》GB 50204 和《混凝土强度检验评定标准》GB/T 50107 的规定检验评定。

3.5.5 预制构件的外观质量不应有表 3.5.5 中所列影响结构性能、安装和使用功能的严重缺陷。

表 3.5.5　预制构件外观质量缺陷

名称	外观现象	严重缺陷
露筋	预制构件内钢筋未被混凝土包裹而外露	纵向受力钢筋有露筋
蜂窝	混凝土表面缺少水泥砂浆而形成石子外露	构件主要受力部位有蜂窝
孔洞	混凝土中孔穴深度和长度均超过保护层厚度	构件主要受力部位有孔洞
夹渣	混凝土中夹有杂物且深度超过保护层厚度	构件主要受力部位有夹渣
疏松	混凝土中局部不密实	构件主要受力部位有疏松
裂缝	缝隙从混凝土表面延伸至混凝土内部	构件主要受力部位有影响结构性能或使用功能的裂缝
连接部位缺陷	预制构件连接处混凝土缺陷及连接钢筋、连接件松动，灌浆套筒堵塞、偏位，灌浆孔洞堵塞、偏位、破损等	连接部位有影响结构传力性能缺陷
外形缺陷	缺棱掉角、棱角不直、翘曲不平、飞出凸肋等，装饰面砖粘结不牢、表面不平、砖缝不顺直等	清水或带装饰的预制混凝土构件内有影响使用功能或装饰效果的外形缺陷
外表缺陷	预制构件表面麻面、掉皮、起砂、沾污等	具有重要装饰效果的清水混凝土构件有外表缺陷

3.5.6　预制构件尺寸允许偏差应满足表 3.5.6 规定。

3.5.7　预制构件的预埋件、插筋的规格、数量应符合预制构件制作详图和设计要求。

3.5.8　预制构件叠合面的粗糙度和凹凸深度应符合设计及规范要求。

表 3.5.6 预制构件尺寸允许偏差（mm）

检查项目			允许偏差	检查方法
长度	板、梁、柱	<12m	±5	钢尺检查
		≥12m 且 <18m	±10	
		≥18m	±20	
	墙板		±4	
宽度、高（厚）度	板、梁、柱		±5	钢尺量一端及中部，取其中最大值
	墙板高度、厚度		±3	
表面平整度	板、梁、柱、墙板内表面		5	2m靠尺和塞尺检查
	墙板外表面		3	
侧向弯曲	板、梁、柱		L/750 且 ≤20	拉线、钢尺量最大侧向弯曲处
	墙板		L/1000 且 ≤20	
翘曲	板		L/750	水平尺、钢尺在两端量测
	墙板		L/1000	
对角线差	板		10	钢尺量两个对角线
	墙板、门窗口		5	
挠度变形	梁、板设计起拱		±10	拉线、钢尺量最大弯曲处
	梁、板下垂		0	
预埋件	预埋板、吊环、吊钉中心线位置		5	钢尺检查
	预埋套筒、螺栓、螺母中心线位置		2	
	预埋板、套筒、螺母与混凝土面平面高差		-5，0	
	螺栓外露长度		-5，+10	
预留孔、预埋管中心位置			5	钢尺检查

30

检查项目		允许偏差	检查方法
预留插筋	中心线位置	3	钢尺检查
	外露长度	±5	
格构钢筋	高度	0，5	钢尺检查
键槽	中心线位置	5	钢尺检查
	长、宽、深	±5	
预留洞	中心线位置	10	尺量检查
	尺寸	±10	
与现浇部位模板接茬范围表面平整度		2	2m靠尺和塞尺检查

注：上述表中 L 为预制构件长度（mm）。

3.5.9 预制混凝土构件外装饰外观除应符合表 3.5.9 的规定外，尚应符合《建筑装饰装修工程质量验收规范》GB 50210 的规定。

表 3.5.9 预制构件外装饰允许偏差（mm）

种 类	项 目	允许偏差	检查方法
通 用	表面平整度	2	2m靠尺或塞尺检查
石材和面砖	阳角方正	2	用托线板检查
	上口平直	2	拉通线用钢尺检查
	接缝平直	3	用钢尺或塞尺检查
	接缝深度	±2	
	接缝宽度	±2	用钢尺检查

3.5.10 预埋在构件中的门窗附框除应符合现行国家标准《建筑装饰装修工程质量验收规范》GB 50210 的规定外，安装位置允许偏差尚应符合表 3.5.10 的规定。

表3.5.10 门框和窗框安装位置允许偏差（mm）

项 目	允许偏差	检验方法
门窗框定位	±1.5	钢尺检查
门窗框对角线	±1.5	钢尺检查
门窗框水平线	±1.5	钢尺检查

4 装 配 施 工

4.1 基 本 规 定

4.1.1 装配整体式混凝土结构施工应具有健全的质量管理体系、相应的施工组织方案、技术标准、施工工法和施工质量控制制度。

4.1.2 预制构件安装施工前,应编制专项施工方案,并按设计要求对各工况进行施工验算和施工技术交底。

4.1.3 装配整体式混凝土结构施工测量应编制专项施工方案,除应符合国家现行标准《混凝土结构工程施工质量验收规范》GB 50205、《混凝土结构工程施工规范》GB 50666 和《装配式混凝土结构技术规程》JGJ 1 的规定外,尚应符合下列规定:

   1 熟悉施工图纸,明确设计对各分项工程施工精度和质量控制的要求。

   2 现浇结构尺寸的允许偏差控制值应能满足预制构件安装的要求,并采用与之配合的测量设备和控制方法。

   3 钢筋加工和安装位置的允许偏差值应能满足预制构件安装和连接的要求,并采用相匹配的钢筋设备、定位工具和控制方法。

   4 现浇结构模板安装的允许偏差值和表面质量控制标准应与预制构件协调一致,并采用相匹配的模板类型和控制措施。

4.1.4 预制构件安装前，应制定构件安装流程，预制构件、材料、预埋件、临时支撑等应按国家现行有关标准及设计验收合格，并按施工方案、工艺和操作规程的要求做好人、机、料的各项准备。

4.1.5 预制构件安装应根据构件吊装顺序运抵施工现场，并根据构件编号、吊装计划和吊装序号在构件上标出序号，并在图纸上标出序号位置。

4.1.6 未经设计允许不得对预制构件进行切割、开洞。

4.2 构件测量定位

4.2.1 装配整体式混凝土结构施工测量应编制专项施工测量方案。测量前应收集有关测量资料，熟悉施工设计图纸，明确施工要求。

4.2.2 构件吊装前的测量，应在构件和相应的支承结构上设置中心线和标高，按设计要求校核预埋件及连接钢筋的数量、位置、尺寸和标高，并作出标志。

4.2.3 每层楼面轴线垂直控制点不宜少于4个，楼层上的控制线应由底层原始点向上传递引测。

4.2.4 每个楼层应设置不少于1个高程引测控制点。

4.2.5 预制构件安装位置线应由控制线引出，每件预制构件应设置纵、横控制线。

4.2.6 预制墙板安装起吊前，应在墙板上的内侧弹出竖向与水平安装线，竖向与水平安装线应与楼层安装位置线相符合。采用饰面砖装饰时，相邻板与板之间的饰面砖缝应对齐。

4.2.7 建筑物外墙垂直度的测量，宜选用投点法进行观测。

在建筑物大角上设置上下两个标志点作为观测点，上部观测点随着楼层的升高逐步提升，用经纬仪观测建筑物的垂直度并做好记录。观测时应在底部观测点位置安置水平读数尺等测量设施，在每个观测点安置经纬仪投影时应按正倒镜法测出每对观测点标志间的水平位移分量，按矢量相加法求得水平位移值和位移方向。

4.2.8 在水平和竖向构件上安装预制墙板时，宜在构件上设置标高调节件。

4.2.9 施工测量除应符合本《导则》的规定外，尚应符合现行国家标准《工程测量规范》GB 50026 的相关规定。

4.3 构件安装施工

4.3.1 构件安装前，应清理构件之间结合面，安装过程中结合面应无污损。

4.3.2 预制构件的吊装应符合下列规定：

1 吊装使用的起重机设备应按施工方案配置到位，并经检验验收合格。

2 预制构件吊装前，应根据构件的特征、重量、形状等选择合适的吊装方式和配套的吊具。

3 吊装用钢丝绳、吊带、卸扣、吊钩等吊具应经检查合格，并在额定范围内使用。

4 吊装作业前应先进行试吊，确认可靠后方可进行正式作业。

5 吊装施工的吊索与预制构件水平夹角不宜小于 60°，不应小于 45°并保证吊车主钩位置、吊具及预制构件重心在竖直方向重合。

6 竖向预制构件起吊点不应少于 2 个，预制楼板起吊点不应少于 4 个，跨度大于 6m 的预制楼板起吊点不宜少于 8 个。

7 预制构件在吊运过程中应保持平衡、稳定，吊具受力应均衡。

4.3.3 预制构件就位后，对未形成空间稳定的部位应采取有效的临时固定措施。混凝土构件与吊具的分离应在校准定位及临时固定措施安装完成后进行。

4.3.4 预制柱安装应符合下列要求：

1 预制柱安装前应校核轴线、标高以及连接钢筋的数量、规格、位置。

2 预制柱安装就位后在两个方向应采用可调斜撑作临时固定，并进行垂直度调整以及在柱子四角缝隙处加塞垫片。

3 预制柱的临时支撑，应在套筒连接器内的灌浆料强度达到设计要求后拆除，当设计无具体要求时，混凝土或灌浆料应达到设计强度的 75% 以上方可拆除。

4.3.5 预制墙板安装应符合下列要求：

1 预制墙板安装应设置临时斜撑，每件预制墙板安装过程的临时斜撑应不少于 2 道，临时斜撑宜设置调节装置，支撑点位置距离底板不宜大于板高的 2/3，且不应小于板高的 1/2，斜支撑的预埋件安装、定位应准确。

2 预制墙板安装应设置底部限位装置，每件预制墙板底部限位装置不少于 2 个，间距不宜大于 4m。

3 临时固定措施的拆除应在预制构件与结构可靠连接，且在装配式混凝土结构能达到后续施工要求后进行。

4 预制墙板安装过程应符合下列规定：

1）构件底部应设置可调整接缝间隙和底部标高的垫块；

2）钢筋套筒灌浆连接、钢筋锚固搭接连接灌浆前应对接缝周围进行封堵；

3）墙板底部采用坐浆时，其厚度不宜大于20mm。

5 预制墙板校核与调整应符合下列规定：

1）预制墙板安装垂直度应以满足外墙板面垂直为主；

2）预制墙板拼缝校核与调整应以竖缝为主，横缝为辅；

3）预制墙板阳角位置相邻板的平整度校核与调整，应以阳角垂直度为基准进行调整。

4.3.6 预制梁的安装应符合下列要求：

1 梁吊装顺序应遵循先主梁后次梁，先低后高的原则。

2 预制梁安装前应测量并修正柱顶标高，确保与梁底标高一致，柱上弹出梁边控制线。

3 预制梁安装前应复核柱钢筋与梁钢筋位置、尺寸，对梁钢筋与柱钢筋安装有冲突的，应按经设计部门确认的技术方案调整。梁柱核心区箍筋安装应按设计文件要求进行。

4 预制梁安装过程应设置临时支撑，并应符合下列规定：

1）临时支撑位置应符合设计要求；设计无要求时，长度小于等于4m时应设置不少于2道垂直支撑，长度大于4m时应设置不少于3道垂直支撑；

2）梁底支撑标高调整宜高出梁底结构标高2mm，应保证支撑充分受力并撑紧支撑架后方可松开吊钩；

3）叠合梁应根据构件类型、跨度来确定后浇混凝土支撑件的拆除时间，强度达到设计要求后方可承受全部设计荷载。

5 预制梁安装就位后应对水平度、安装位置、标高进行检查。根据控制线对梁端和两侧进行精密调整，误差控制在 2mm 以内。

6 预制梁安装时，主梁和次梁伸入支座的长度与搁置长度应符合设计要求。

7 预制次梁与预制主梁之间的凹槽应在预制楼板安装完成后，采用不低于预制梁混凝土强度等级的材料填实。

4.3.7 预制楼板安装应符合下列要求：

1 构件安装前应编制支撑方案，支撑架体宜采用可调工具式支撑系统，首层支撑架体的地基必须坚实，架体必须有足够的强度、刚度和稳定性。

2 板底支撑间距不应大于 2m，每根支撑之间高差不应大于 2mm、标高偏差不应大于 3mm，悬挑板外端比内端支撑宜调高 2mm。

3 预制楼板安装前，应复核预制板构件端部和侧边的控制线以及支撑搭设情况是否满足要求。

4 预制楼板安装应通过微调垂直支撑来控制水平标高。

5 预制楼板安装时，应保证水电预埋管（孔）位置准确。

6 预制楼板吊至梁、墙上方 300～500mm 后，应调整板位置使板锚固筋与梁箍筋错开，根据梁、墙上已放出的板边和板端控制线，准确就位，偏差不得大于 2mm，累计误差不得大于 5mm。板就位后调节支撑立杆，确保所有立杆全部受力。

7 预制叠合楼板吊装顺序依次铺开，不宜间隔吊装。在混凝土浇筑前，应校正预制构件的外露钢筋，外伸预留钢筋伸入支座时，预留筋不得弯折。

8 相邻叠合楼板间拼缝及预制楼板与预制墙板位置拼缝应符合设计要求并有防止裂缝的措施。施工集中荷载或受力较大部位应避开拼接位置。

4.3.8 预制楼梯安装应符合下列要求：

1 预制楼梯安装前应复核楼梯的控制线及标高，并做好标记。

2 预制楼梯支撑应有足够的强度、刚度及稳定性，楼梯就位后调节支撑立杆，确保所有立杆全部受力。

3 预制楼梯吊装应保证上下高差相符，顶面和底面平行，便于安装。

4 预制楼梯安装位置准确，当采用预留锚固钢筋方式安装时，应先放置预制楼梯，再与现浇梁或板浇筑连接成整体，并保证预埋钢筋锚固长度和定位符合设计要求。当采用预制楼梯与现浇梁或板之间采用预埋件焊接或螺栓杆连接方式时，应先施工现浇梁或板，再搁置预制楼梯进行焊接或螺栓孔灌浆连接。

4.3.9 预制阳台板安装应符合下列要求：

1 悬挑阳台板安装前应设置防倾覆支撑架，支撑架应在结构楼层混凝土强度达到设计要求时，方可拆除支撑架。

2 悬挑阳台板施工荷载不得超过设计的允许荷载值。

3 预制阳台板预留锚固筋应伸入现浇结构内，并应与现浇混凝土结构连成整体。

4.3.10 预制空调板安装应符合下列要求：

1 预制空调板安装时，板底应采用临时支撑措施。

2 预制空调板与现浇结构连接时，预留锚固钢筋应伸入现浇结构部分，并应于现浇结构连成整体。

3 预制空调板采用插入式安装方式时，连接位置应设置预埋连接件，并应与预制墙板的预埋连接件连接，空调板与墙板交接的四周防水槽口应嵌填防水密封胶。

4.4 构件连接施工

4.4.1 装配式混凝土结构构件连接宜采用预留钢筋锚固连接、机械连接、套筒灌浆连接、浆锚搭接连接、焊接连接或螺栓连接，连接点应采取可靠的防腐蚀措施，其耐久性应满足工程设计年限的要求，并应符合现行国家标准《工业建筑防腐设计规范》GP 50046 的相关规定。

4.4.2 焊接或螺栓连接的施工应符合国家现行标准《钢筋焊接及验收规定》JGJ 18、《钢结构焊接规范》GB 50661、《钢结构工程施工规范》GB 50755、《钢结构工程施工质量验收规范》GB 50205 的有关规定。采用焊接连接时应避免由于连续施焊引起预制构件及连接部位混凝土开裂。

4.4.3 钢筋机械连接的施工应符合现行行业标准《钢筋机械连接技术规程》JGJ 107 的有关规定。

4.4.4 钢筋套筒灌浆连接、钢筋浆锚搭接连接灌浆前，宜在施工现场模拟施工条件制作灌浆连接接头，进行工艺检验。

4.4.5 钢筋套筒灌浆连接、钢筋浆锚搭接连接的预制构件就位前，应检查连接钢筋的规格、数量、位置和长度，当连接钢筋倾斜时，应进行校直，并清理套筒、预留孔内的杂物。

4.4.6 采用套筒灌浆连接、浆锚搭接灌浆连接时，应符合下列要求：

1 灌浆前应制定灌浆操作的专项施工方案，灌浆作业应由灌浆工完成，持证上岗，灌浆操作过程应有相应的施工记录。

2 竖向构件宜采用连通腔灌浆；预制墙板底部应根据设计和施工技术方案要求分仓进行灌浆。

3 灌浆作业应按产品要求计量灌浆料和水的用量并搅拌均匀，搅拌时间从开始加水到搅拌结束应不少于 5min，然后静置 2~3min；每次拌制的灌浆料拌合物应进行流动度的检测，且其流动度应符合本《导则》和设计要求。搅拌后的灌浆料应在 30min 内使用完毕。

4 灌浆必须采用机械压力注浆法从下口灌注，灌浆应连续、缓慢、均匀地进行，直至上部排气孔排出柱状浆液后，立即封堵排气孔，持压 30s 以上，再将灌浆孔封闭，保证灌浆料能充分填充密实。

5 灌浆结束后应及时将灌浆孔及构件表面的浆液清理干净，并将灌浆孔表面抹压平整。

6 灌浆作业应及时做好施工质量检查记录，留存影像资料，并按要求每工作班制作一组且每层不应少于三组 40mm × 40mm × 160mm 的长方体试件；标准养护 28d 后进行抗压强度试验，抗压强度应满足设计要求。

1）灌浆后 12h 内不得使构件和灌浆层受到振动、碰撞；

2）冬期施工时环境温度宜在 5℃ 以上；

3）散落的灌浆料拌合物不得二次使用，剩余的拌合物不得再次添加灌浆料、水后混合使用。

7 当灌浆施工出现无法出浆的情况时，应及时查明原因并采取措施处理；对未密实饱满的灌浆应采取可靠措施处理。

4.4.7 剪力墙底部接缝坐浆、灌浆，每工作班应制作一组且每层不少于三组 70.7mm × 70.7mm × 70.7mm 的立方体试件，标准养护 28d 后进行抗压强度试验。坐浆、灌浆强度应符合设计要求。

4.4.8 装配式混凝土结构连接部位后浇混凝土或灌浆料强度达到设计要求时，方可进行上部结构吊装施工或拆除支撑。

4.5 外墙板接缝防水施工

4.5.1 预制外墙板接缝所用的防水密封材料应选用耐候性密封胶，密封胶应与混凝土具有相容性，并具有防水密封胶性能及低温柔性、防霉性等性能。其最大伸缩变形量、剪切变形性能等均应满足设计要求。并符合以下规定：

1 其性能满足现行行业标准《混凝土建筑接缝用密封胶》JC/T 881 的规定。

2 当选用硅酮类密封胶时，应满足现行国家标准《硅酮建筑密封胶》GB/T 14683 的要求。

3 接缝中的背衬应采用发泡氯丁橡胶或聚乙烯塑料棒。

4.5.2 预制外墙板横向、竖向拼缝宽度应满足设计要求，施工时应有控制缝宽的措施。

4.5.3 上一道工序经验收合格后，方可进行密封防水施工。伸出外墙的管道、预埋件等应在防水施工前安装完毕。

4.5.4 预制外墙板吊装前应检查止水条粘贴的牢固性与完整性，破坏处应在吊装前及时修复。

4.5.5 预制外墙板接缝防水处理应符合设计要求，宜选用构造防水与材料防水相结合的防排水措施。

4.5.6 预制外墙板接缝采用防水砂浆填塞时，板缝宽度、嵌缝材料、嵌缝深度等应符合设计要求，并按施工技术方案进行施工。外挂墙板接缝不应采用砂浆填塞。

4.5.7 密封防水施工应符合下列规定：

1 密封防水施工前，接缝处应清理干净，保持干燥。

2 密封防水施工的嵌缝材料性能、质量、配合比应符合要求。嵌缝材料应牢固粘结，不得漏嵌和虚贴。

3 密封防水胶的使用年限应满足设计要求，应与衬垫材料相容，应具有弹性。

4 密封防水胶的注胶宽度、厚度应符合设计要求，注胶应均匀、顺直、密实，表面应光滑，不应有裂缝。

5 密封防水施工完成后应在外墙面做淋水、喷水试验，并观察外墙内侧墙体有无渗漏。

4.6 混凝土浇筑施工

4.6.1 装配整体式混凝土结构的现场浇筑混凝土施工与质量控制应符合现行国家标准《混凝土结构工程施工质量验收规范》GB 50204、《混凝土结构工程施工规范》GB 50666 的规定。

4.6.2 现场浇筑混凝土的施工应按施工组织方案要求，全部完成上一道工序并验收合格后，方可进行现场浇筑混凝土的施工。

4.6.3 现场浇筑混凝土的施工应加强标高、轴线、垂直度、平整度控制以及核心区钢筋定位与后置埋件精度控制等，保证构件安装质量以及接槎平顺。

4.6.4 装配式混凝土结构宜采用定型工具式模板及支撑，模板工程应符合下列要求：

1 模板及其支撑、预制构件固定支撑应根据工程结构形式、荷载大小、地基土类别、施工设备、材料和预制构件等条件编制施工技术方案。

2 模板与支撑应保证构件的位置、形状、尺寸准确。

3 预制构件上预留用于模板连接用的孔洞、预埋件、螺栓的位置应准确且应与模板模数相协调。

4 模板安装时，应保证接缝处不漏浆；木模板应浇水湿润但不应有积水；接触面和内部应清理干净、无杂物并涂刷隔离剂。

5 预制叠合梁、预制楼板、预制楼梯与现浇部位的交接处，应根据施工验算设置竖向支撑。

4.6.5 模板支撑拆除应符合下列要求：

1 模板及其支撑拆除的顺序及安全措施应按施工技术方案执行。

2 当叠合梁、叠合板现浇层混凝土强度达到设计要求时，方可拆除底模及支撑；当设计无具体要求时，同条件养护试件的混凝土立方体试件抗压强度应符合表4.6.5的规定。

表 4.6.5 底模拆除时的混凝土强度要求

构件类型	构件跨度（m）	达到设计混凝土强度等级值的百分率（%）
板	≤2	≥50
	>2，≤8	≥75
	>8	≥100
梁、拱、壳	≤8	≥75
	>8	≥100
悬臂构件		≥100

3 拆除侧模时的混凝土强度应能保证其表面及棱角不受损伤。

4 拆除模板时，不应对楼层形成冲击荷载。拆除的模板和支架宜分散堆放并及时清运。

5 多个楼层间连续支模的底层支架拆除时间，应根据连续支模的楼层间荷载分配和混凝土强度的增长情况确定。

4.6.6 钢筋工程应符合下列要求：

1 构件交接处的钢筋位置应符合设计要求，并保证主要受力构件和构件中主要受力方向的钢筋位置无冲突。

2 框架节点处梁纵向受力钢筋宜置于柱纵向钢筋内侧；当主次梁底部标高相同时，次梁下部钢筋应放在主梁下部钢筋之上。

3 剪力墙中水平分布钢筋宜放在外侧，并宜在墙端弯折锚固。剪力墙构件连接节点区域的钢筋安装应制定合理的工艺顺序，保证水平连接钢筋、箍筋、竖向钢筋位置准确；剪力墙构件连接节点加密区宜采用封闭箍筋。对于带保温层的构件，箍筋不得采用焊接连接。

4 预制叠合式楼板上层钢筋绑扎前，应检查格构钢筋的位置，必要时设置支撑马凳；上层钢筋可采用成品钢筋网片的整体安装方式。相邻叠合式楼板板缝处连接钢筋应符合设计要求。

5 钢筋套筒灌浆连接、钢筋浆锚搭接连接的预留插筋位置应准确，外露长度应符合设计要求且不得弯曲；应采用可靠的保护措施，防止钢筋污染、偏移、弯曲。

6 钢筋中心位置存在严重偏差影响预制构件安装时，应会同设计单位制定专项处理方案，严禁切割、强行调整钢筋。

4.6.7 现场浇筑混凝土工程应符合下列要求：

1 现场浇筑混凝土性能应符合设计与施工要求。叠合剪力墙内宜采用自密实混凝土，自密实混凝土浇筑应符合国家现行相关标准的规定。

2 预制梁、柱混凝土强度等级不同时，预制梁柱节点区混凝土强度应符合设计要求，当设计无要求时，应按强度等级高的混凝土浇筑。

3 预制构件连接节点的后浇混凝土或砂浆应根据施工技术方案要求的顺序施工，其混凝土或砂浆的强度及收缩性能应满足设计要求。

4 混凝土浇筑应布料均衡。构件接缝混凝土浇筑和振捣应采取措施防止模板、连接构件、钢筋、预埋件及其定位件移位。预制构件节点接缝处混凝土必须振捣密实。

5 混凝土浇筑完成后应采取洒水、覆膜、喷涂养护剂等养护方式，养护时间符合设计及规范要求。

4.7 装配施工验收

4.7.1 预制构件装配施工的质量验收，应符合国家现行标准《装配式混凝土结构技术规程》JGJ 1、《混凝土结构工程施工质量验收规范》GB 50204 的有关规定。

4.7.2 装配式混凝土结构子分部工程验收时应提交下列资料和记录：

1 工程设计文件、预制构件制作和安装的深化设计图、设计变更文件。

2 装配式混凝土结构工程专项施工方案。

3 预制构件出厂合格证、相关性能检验报告及进场验收记录。

4 主要材料及配件质量证明文件、进场验收记录、抽样复验报告。

5 预制构件安装施工验收记录。

6 钢筋套筒灌浆或钢筋浆锚搭接连接的施工检验记录。

7 隐蔽工程检查验收文件。

8 后浇混凝土、灌浆料、坐浆材料强度等检测报告。

9 外墙淋水试验、喷水试验记录；卫生间等有防水要求的房间蓄水试验记录。

10 分项工程质量验收记录。

11 装配式混凝土结构实体检测报告。

12 工程的重大质量问题的处理方案和验收记录。

13 其他文件和记录。

4.7.3 装配整体式混凝土结构子分部工程应在安装施工过程中进行下列隐蔽项目的现场验收：

1 结构预埋件、钢筋接头、螺栓连接、套筒灌浆接头、钢筋浆锚搭接接头等。

2 预制构件与结构连接处钢筋及混凝土的结合面。

3 预制构件之间及预制构件与后浇混凝土之间隐蔽的节点、接缝。

4 预制混凝土构件接缝处防水、防火等构造做法。

5 保温及其节点施工。

6 其他隐蔽项目。

4.7.4 装配整体式混凝土结构子分部工程施工质量验收合格应符合下列规定：

1 有关分项工程施工质量验收合格。

2 质量控制资料完整。

3 观感质量验收合格。

4 涉及结构安全的材料、试件、施工工艺和结构的重要部位的见证检测或实体检验满足设计及本《导则》的要求。

4.7.5 装配整体式混凝土结构的模板及其支撑应根据施工过程中的各种工况进行设计，应具有足够的承载力、刚度和稳定性，能可靠地承受浇筑混凝土的重量、侧压以及施工荷载。模板安装应满足下列要求：

1 模板之间以及模板与预制构件之间的接缝不应漏浆；在浇筑混凝土前，木模板应浇水湿润，但模板内不应有积水。

2 模板与混凝土的接触面应清理干净并涂刷隔离剂。

3 浇筑混凝土前，模板以及叠合墙板内的杂物应清理干净。

4.7.6 固定在模板上的预埋件、预留孔和预留洞均不得遗漏，且应安装牢固，其偏差应符合表4.7.6的规定。预制构件宜预留与模板连接用的孔洞、螺栓，预留位置与模板模数相协调并便于模板安装。

表 4.7.6 预埋件和预留孔洞的允许偏差

项 目		允许偏差（mm）
预埋钢板中心线位置		3
预埋管、预留孔中心线位置		3
插筋	中心线位置	5
	外露长度	±10，0

项　　目		允许偏差（mm）
预埋螺栓	中心线位置	2
	外露长度	±10，0
预留洞	中心线位置	10
	尺寸	±10，0

注：检查中心线位置时，应沿纵、横两个方向量测，并取其中的较大值。

检查数量：在同一检验批内，对梁、柱，应抽查构件数量的10%，且不少于3件；对墙和板，应按有代表性的自然间抽查10%，且不少于3间；对大空间结构墙可按相邻轴线间高度5m左右划分检查面，板可按纵、横轴线划分检查面，抽查10%，且均不少于3面。

4.7.7 模板与支撑应保证工程结构和构件的定位、各部分形状、尺寸和位置准确。模板安装的偏差应符合表4.7.7的规定。

检查数量：在同一检验批内，对梁、柱和独立基础，应抽查构件数量的10%，且不少于3件；对墙和板，应按有代表性的自然间抽查10%，且不少于3间；对大空间结构，墙可按相邻轴线间高度5m左右划分检查面，板可按纵、横轴线划分检查面，抽查10%，且均不少于3面。

表 4.7.7　模板安装的允许偏差及检验方法

项　　　目		允许偏差（mm）	检验方法
轴线位置		5	钢尺检查
底模上表面标高		±5	水准仪或拉线、钢尺检查
截面内部尺寸	基础	±10	钢尺检查
	柱、墙、梁	+4，−5	钢尺检查
层高垂直度	不大于5m	6	经纬仪或吊线、钢尺检查
	大于5m	8	经纬仪或吊线、钢尺检查
相邻两板表面高低差		2	钢尺检查
表面平整度		5	2m靠尺和塞尺检查

注：检查轴线位置时，应沿纵、横两个方向量测，并取其中的较大值。

4.7.8 与预制构件连接的定位插筋、连接钢筋及预埋件等安装位置偏差应符合表4.7.8的规定。

表 4.7.8　钢筋安装位置的允许偏差和检验方法

项　　　目		允许偏差（mm）	检验方法
定位插筋	中心线位置	2	定型工具检查
	长度	3，0	钢尺检查
安装预埋件	中心线位置	5	钢尺检查
	水平偏差	3，0	钢尺检查
连接钢筋	位置	±10	钢尺检查
	长度	+8，0	钢尺检查

检查数量：全数检查。

4.7.9 装配式混凝土结构的后浇混凝土中钢筋安装位置的偏差应符合表4.7.9的规定。

表4.7.9 钢筋安装位置的允许偏差和检验方法

项	目		允许偏差（mm）	检验方法
绑扎钢筋网	长、宽		±10	钢尺检查
	网眼尺寸		±20	钢尺量连续三档，取最大值
绑扎钢筋骨架	长		±10	钢尺检查
	宽、高		±5	钢尺检查
受力钢筋	间距		±10	钢尺量两端中间，各一点取最大值
	排距		±5	
	保护层厚度	基础	±10	钢尺检查
		柱、梁	±5	钢尺检查
		板、墙、壳	±3	钢尺检查
绑扎钢筋、横向钢筋间距			±20	钢尺量连续三档，取最大值
钢筋弯起点位置			20	钢尺检查
预埋件	中心线位置		5	钢尺检查
	水平高差		+3，0	钢尺和塞尺检查

注：1. 检查预埋件中心线位置时，应沿纵、横两个方向量测，并取其中的较大值。

2. 表中梁类、板类构件上部纵向受力钢筋保护层厚度的合格点率应达到90%及以上，且不得有超过表中数值1.5倍的尺寸偏差。

检查数量：在同一检验批内，对梁、柱，应抽查构件数量的10%，且不少于3件；对墙和板，应按有代表性的自然间抽查10%，且不少于3间；对大空间结构，墙可按相邻轴线间高度 5m 左右划分检查面，板可按纵、横轴线划分检查面，抽查 10%，且均不少于 3 面。

4.7.10 混凝土浇筑完毕后应按施工技术方案及时采取有效的养护措施，并应符合下列规定：

1 应在浇筑完毕后的 12h 以内，对混凝土加以覆盖，并保湿养护。

2 混凝土浇水养护的时间：对采用硅酸盐水泥、普通硅酸盐水泥或矿渣硅酸盐水泥拌制的混凝土，不得少于 7d；对掺用缓凝型外加剂或有抗渗要求的混凝土，不得少于 14d。

3 浇水次数应能保持混凝土处于湿润状态，混凝土养护用水应与拌制用水相同，当日平均气温低于 5℃时不得浇水。

4 采用塑料布覆盖养护的混凝土，其敞露的全部表面应覆盖严密，并应保持塑料布内有凝结水。

4.7.11 预制构件采用套筒灌浆连接或浆锚搭接连接时，连接接头应有有效的型式检验报告，灌浆料强度、性能应符合现行国家标准、设计和灌浆工艺要求，灌浆应密实、饱满。

检查数量：同种直径每班灌浆接头施工时制作一组每层不少于三组 40mm×40mm×160mm 的长方体试件，标准养护 28d 后进行抗压强度试验。

4.7.12 套筒灌浆连接应符合设计、《钢筋机械连接技术规程》GB 107 中 I 级接头的性能要求及国家现行有关标准的规定。

检查数量：同种直径套筒灌浆连接接头，每完成 1000 个接头时制作一组同条件接头试件作力学性能检验，每组试件 3 个接头。

检查方法：检查接头力学性能试验报告。

4.7.13 预制墙板底部接缝灌浆、坐浆强度应满足设计要求。

检查数量：每工作班制作一组且每层不应少于三组边长为70.7mm的立方体试块，标准养护28d进行抗压强度试验。

检查方法：检查试块强度试验报告。

4.7.14 预制构件之间、预制构件与主体结构之间、预制构件与现浇结构之间节点接缝密封良好，灌浆或混凝土浇筑时不得漏浆；节点处模板应在混凝土浇筑时不应产生明显变形和漏浆。

检查数量：全数检查。

检查方法：观察检查。

4.7.15 预制构件拼缝密封、防水节点基层应符合设计要求，密封胶打注应饱满、密实、连续、均匀、无气泡，宽度和深度符合要求，密封胶缝应横平竖直、深浅一致、宽窄均匀、光滑顺直。

检查数量：全数检查。

检查方法：观察检查。

4.7.16 预制墙板安装的允许偏差应符合表4.7.16的规定。

表4.7.16 预制墙板安装的允许偏差

项 目	允许偏差（mm）	检验方法
单块墙板轴线位置	5	基准线和钢尺检查
单块墙板顶标高偏差	±3	水准仪或拉线、钢尺检查
单块墙板垂直度偏差	3	2m靠尺
相邻墙板高低差	2	钢尺检查
相邻墙板拼缝宽度偏差	±3	钢尺检查
相邻墙板平整度偏差	4	2m靠尺和塞尺检查
建筑物全高垂直度	$H/1000$ 且 $\leqslant 30$	经纬仪、钢尺检查

检查数量：每流水段预制墙板抽样不少于 10 个点，且不少于 10 个构件。

检查方法：用钢尺和拉线、水准仪、经纬仪等辅助量具实测。

4.7.17 预制梁、柱安装的允许偏差应符合表 4.7.17 的规定。

表 4.7.17　预制梁、柱安装的允许偏差

项　　目	允许偏差（mm）	检验方法
梁、柱轴线位置	5	基准线和钢尺检查
梁、柱标高偏差	3	水准仪或拉线、钢尺检查
梁搁置长度	±10	钢尺检查
柱垂直度	3	2m 靠尺或吊线检查
柱全高垂直度	$H/1000$ 且 $\leqslant 30$	经纬仪检测

检查数量：每流水段预制梁、柱构件抽样不少于 10 个点，且不少于 10 个构件。

检查方法：用钢尺和拉线、水准仪、经纬仪等辅助量具实测。

4.7.18 预制楼板安装的允许偏差应符合表 4.7.18 的规定。

表 4.7.18　预制楼板安装允许偏差

项　　目	允许偏差（mm）	检验方法
轴线位置	5	基准线和钢尺检查
标高偏差	±3	水准仪或拉线、钢尺检查
相邻构件平整度	4	2m 靠尺或吊线检查
相邻拼接缝宽度偏差	±3	钢尺检查
搁置长度	±10	钢尺检查

检查数量：每流水段预制板抽样不少于 10 个点，且不少于 10 个构件。

检查方法：用钢尺和拉线、水准仪等辅助量具实测。

4.7.19 阳台板、空调板、楼梯安装的允许偏差应符合表 4.7.19 的规定。

表 4.7.19 阳台板、空调板、楼梯安装允许偏差

项 目	允许偏差（mm）	检验方法
轴线位置	5	基准线和钢尺检查
标高偏差	±3	水准仪或拉线、钢尺检查
相邻构件平整度	4	2m 靠尺或吊线检查
楼梯搁置长度	±10	钢尺检查

检查数量：每流水段、每类构件板抽样不少于 3 个，少于 3 个时全数检查。

检查方法：用钢尺和拉线、水准仪等辅助量具实测。

4.7.20 预制构件节点与接缝处混凝土、砂浆、灌浆料应符合国家现行标准和设计要求。

检查数量：全数检查。

检查方法：检查试验报告。

4.7.21 预制构件拼缝处的密封、防水材料应符合国家现行标准和设计要求。

检查数量：全数检查。

检查方法：检查合格证、试验报告。

4.7.22 对灌浆套筒或浆锚孔洞及预制件与楼面板之间的水平缝进行灌浆时，应保证所有出浆孔有浆体连续流出。

检查数量：全数检查。

检查方法：观察检查。

5 室 内 装 修

5.1 基 本 规 定

5.1.1 装配整体式混凝土结构建筑室内装修施工应编制专项施工方案，采用主体结构与室内装修、设备管线一体化设计，并具有专业化施工队伍。

5.1.2 室内装修宜采用工业化构配件（部品）组装，减少施工现场湿作业。

5.1.3 建筑的部件之间、部件与设备之间的连接宜采用标准化接口。

5.1.4 室内装修材料应符合现行国家标准《民用建筑工程室内环境污染控制规范》GB 50325 和《建筑内部装修设计防火规范》GB 50222 的规定。

5.2 室 内 装 修 施 工

5.2.1 室内装修施工前应进行设计交底，并对装修工程基层进行检验，合格后方可进行下道工序。

5.2.2 防水工程应做两次 24h 蓄水试验，防水材料和施工要点应符合国家现行有关标准的规定。

5.2.3 抹灰工程应采用预拌砂浆，抹灰前应对不同材料基体交接表面采取防开裂的加强措施。

5.2.4 非承重内隔墙应采用装配式施工技术，内隔墙与主体结构连接必须符合设计要求，宜采用柔性连接方式，连接可靠，现场无湿作业和二次加工。

5.2.5 墙和地面瓷砖、石材等铺装工程应在隐蔽工程完成并经验收后进行，铺装材料应在工厂加工编号，无现场切割。

5.2.6 各种柜体、内门等木制品和木装饰等部品、部件应采用工厂定制，现场装配施工，部件之间连接采用标准化接口，无现场切割。

5.3 设备管线施工

5.3.1 设备管线应结合预制构件深化设计同步进行管线综合设计，减少平面交叉；竖向管线宜集中布置，并应满足维修更换的要求。

5.3.2 预制构件中预埋管线、预埋件、预留沟（槽、孔、洞）的位置应准确，不应在围护结构安装后凿剔。

5.3.3 敷设在叠合楼板现浇层混凝土内的管线宜进行综合排布设计，管线的最大外径不宜超过叠合楼板现浇层混凝土厚度的1/3，同一部位的管线交叉不应超过2次，且交叉部位不应与格构钢筋重叠；多根管道并排时，管与管之间应留有间隙，并有防混凝土开裂措施。

5.3.4 楼地面内的管道与墙体内的管道有连接时，应与预制构件安装协调一致，保证位置准确。

5.3.5 在预制构件内补管槽、箱盒孔洞时，砂浆或混凝土应符合设计和现行相关标准要求，并有防开裂措施。

5.3.6 防雷引下线、防侧击雷、等电位联结施工应与预制构件安装做好施工配合。

5.3.7 大型灯具、设备、管道、桥架、母线等较重荷载固定在预制构件上，应经设计复核，并采取预留预埋件固定。

5.3.8 预制构件制作、安装时应考虑太阳能安装要求；穿过外墙的孔洞、管道、排烟口、排气道等孔洞位置应准确，并有防水措施要求。

5.3.9 室内竖向电气管线宜统一设置在预制板内或装饰墙面内。墙板内竖向电气管线布置应保持安全距离。

5.3.10 在预制构件上安装管卡等受力件应符合设计要求，可采用膨胀螺栓、自攻螺丝、钉接、粘接等固定法。

5.3.11 设备管线穿过楼板的部位，应采取防水、防火、隔声等措施。

5.4 室内装修验收

5.4.1 装配整体式混凝土结构的室内装修质量验收，应符合国家现行标准《建筑装饰装修工程质量验收规范》GB 50204、《住宅室内装饰装修工程质量验收规范》JGJ/T 304 的有关规定。

5.4.2 建筑室内装饰装修工程所用材料进场时应进行验收，并应符合下列规定：

1 材料的品种、规格、包装、外观和尺寸等应验收合格，并应具备相应验收记录。

2 材料应具备质量证明文件，并应纳入工程技术档案。

3 同一厂家生产的同一类型的材料，应至少抽取一组样品进行复验。

4 检测的样品应进行见证取样；承担材料检测的机构应

具备相应的资质。

5.4.3 住宅室内装饰装修工程质量验收应进行分户验收并应符合现行行业标准《住宅室内装饰装修工程质量验收规范》JGJ/T 304 的有关规定。

5.4.4 主体结构基层工程施工完成后，在装饰装修施工前应进行基层工程交接检验，并应在检验合格后再进行下道工序施工。

5.4.5 住宅室内装饰装修工程质量分户工程验收应检查下来文件和记录：

1 施工图、设计说明。

2 材料的产品合格证书、性能检测报告、进场验收记录和抽样复验报告。

3 隐蔽工程质量验收记录。

4 施工记录。

5.4.6 住宅室内装饰装修工程质量验收应按下列程序进行：

1 确定分户验收的划分范围，制定验收方案，确定参加人员。

2 按户检查各分项工程质量，填写住宅室内装饰装修分户工程质量验收记录表。

3 根据每户分项工程质量验收记录，填写住宅室内装饰装修分户工程质量验收汇总表和住宅室内装饰装修工程质量验收汇总表。

6 信息化管理

6.1 基本规定

6.1.1 装配整体式混凝土结构建筑的建造全过程宜选用适宜的建筑信息模型（BIM）技术的设计软件，建立具有标准化的户型、产品、构件等信息库。

6.1.2 装配整体式混凝土结构建筑在建造过程中应建立系统管理信息平台，并对工程建设全过程实施动态、量化、科学、系统的管理和控制。

6.1.3 装配整体式混凝土结构建筑从设计阶段开始应建立建筑信息模型，并随项目设计、构件生产及施工建造等环节实施信息共享、有效传递和协同工作。

6.1.4 装配整体式混凝土结构建筑的参与各方均应具有建筑信息化管理人员，并进行信息系统的管理与维护。

6.1.5 装配整体式混凝土结构建筑应将信息管理、信息输入、信息导出的应用方式作出具体规划。

    1 应将 BIM 模型资源的信息进行分类及编码管理。

    2 应确定各阶段 BIM 模型的几何信息与非几何信息的录入深度及标准，信息应按照统一标准输入 BIM 模型，根据各阶段模型深度需求录入信息，对信息进行分类梳理依次输入。

    3 应统一文件命名原则及文件格式要求，确定统一的信息传递规则。

6.1.6 应搭建 BIM 协同平台，除了协调各专业协同工作以外应保证设计、生产、施工和装修等在平台上协同工作。

6.2 建筑设计信息化

6.2.1 装配整体式混凝土结构建筑应采用建筑信息模型系统（BIM）进行三维可视化设计，并进行各类设计分析，主要工作内容要求：

　　1 采用建筑信息模型系统（BIM）进行方案设计，包括项目总体分析、性能分析、方案优化等。

　　2 采用建筑信息模型系统（BIM）进行施工图设计，包括管线综合、信息模型制作、施工图信息表达等。

　　3 采用建筑信息模型系统（BIM）进行构件深化设计，包括连接节点设计、构件信息模型，完成构件图信息表达，每个构件设有唯一的身份标识，保证模型文件能精确地提取需要的数据。

　　4 应结合项目的特点，实现项目算量统计、成本控制。

6.2.2 采用 BIM 的工程设计应进行碰撞检查，并提供碰撞检查报告，具体工作内容要求：

　　1 进行了钢筋和预埋件等碰撞检查。

　　2 进行了管网综合检查。

6.3 工厂生产信息化

6.3.1 建立构件生产管理系统，建立构件生产信息数据库，用于记录构件生产关键信息，追溯、管理构件的生产质量、生产进度。

6.3.2 预制构件设置并预埋了身份识别标识，记录构件相关信息，对预制生产构件进行信息化管理。

6.3.3 用于工厂生产的 BIM 模型的几何信息和非几何信息应完整有序，与实际目标预制构件相符，满足预制构件生产信息提取要求。

6.3.4 BIM 构件加工图交付物宜直接使用 BIM 模型，不宜进行三维到二维的转换，避免信息丢失和不可追溯。

6.4 施工管理信息化

6.4.1 建立构件施工管理系统。将设计阶段信息模型与时间、成本信息关联整合，进行管理。结合构件中的身份识别标识，记录构件吊装、施工关键信息，追溯、管理构件施工质量、施工进度等，实现施工过程精细化管理。

6.4.2 实现现场施工模拟，精确表达施工现场空间的冲突指标，优化施工场地布置和工序，合理确定施工组织方案。

6.4.3 运用信息管理系统进行项目算量分析，包括材料用量分析、人工用量分析、工程量分析等，实现建造成本精确控制。

6.4.4 项目宜运用 BIM 结合自动控制的信息化技术实现预制构件生产的自动化。

6.4.5 项目应根据施工进度，在 BIM 模型中调整、完善项目的各预制构件名称、安装位置、进场日期、厂家、合格情况、安装日期、安装人、安装顺序及安装过程等相关施工信息。

6.5 运维管理信息化

6.5.1 项目运维阶段的 BIM 模型宜使用具有完整信息的 BIM 竣工模型。

6.5.2 项目宜根据 BIM 模型实现房屋、设备的维护和更新改造。

6.5.3 项目的 BIM 模型应及时记录建筑预制构件及建筑设备的变更状况。

6.5.4 项目宜利用 DIM 模型实现物业的安全管理和租赁服务。